Hauptsätze

der

Arithmetik

für die Unter- und Mittelklassen höherer Lehranstalten

zusammengestellt

von

Dr. Heinrich Bork und **Dr. F. Poske,**
Oberlehrern am Askanischen Gymnasium zu Berlin.

Dritte Auflage.

Berlin.
Druck und Verlag von Georg Reimer.
1892.

Vorwort.

Das praktische Bedürfnis unseres Gymnasiums hat zu der vorliegenden Zusammenstellung der arithmetischen Hauptsätze geführt. Es sind § 1 und § 2 für Sexta, § 3 für Quinta, § 4 für Quarta, § 5—§ 11 für Unter-Tertia, § 12 für Ober-Tertia, § 13—§ 15 für Unter-Secunda bestimmt.

Maßgebend für die Abgrenzung des Stoffes war der Grundsatz, daß ein Compendium für eine Lehranstalt, an der mehrere Fachgenossen denselben Unterrichtsgegenstand vertreten, sich auf ein Minimum beschränken muß, welches nur das Notwendigste enthält und dem einzelnen die wünschenswerte Freiheit der Bewegung gestattet, während andrerseits für dieses Minimum eine Form geboten erscheint, die, gemeinsam festgestellt und erprobt, nun auch normativ und bindend für Lehrer und Schüler ist.

Den Schülern soll durch diese Zusammenstellung ein sicherer Anhalt für die Aneignung und Wiederholung des Stoffes geboten werden. Daß in dem vorbereitenden Kursus der Unterklassen kurzgefaßte Regeln für das praktische Rechnen, im eigentlich arithmetischen Unterricht aber Lehrsätze in der Fassung ausgesprochen werden, welche die Umformung der Ausdrücke in den Vordergrund stellt, dürfte pädagogisch gerechtfertigt sein; auch die eindringliche Form der Beweise für die Sätze der Subtraktion, Division u. s. w. hat sich uns als die geeignetste für die Erreichung mathematischer Einsicht bei den Schülern bewährt. Aus dem Grundsatz der Beschränkung auf ein Minimum rechtfertigt es sich, daß die Durcharbeitung von wichtigen Begriffen wie irrationale Zahl, Grenzwert, continuierliche Größe dem Lehrer überlassen und eine Behandlung der Gleichungen ersten und zweiten Grades ausgeschlossen ist, obwohl erst dadurch das arithmetische Skelet zum lebendigen Körper ergänzt wird.

Durch ihre Kürze und Uebersichtlichkeit wird sich unsere Zusammenstellung vielleicht auch an andern Lehranstalten, besonders neben einer Aufgabensammlung oder einem ausführlicheren Lehrbuch, als Repetitorium brauchbar erweisen.

Berlin, im Dezember 1883.

Vorwort zur dritten Auflage.

Nachdem schon die zweite Auflage infolge eigener Erfahrungen und von andern ausgesprochener Wünsche einige kleine Aenderungen und Zusätze erfahren hatte, hat uns der Umstand, daß unser Büchlein auch an andern Schulen eingeführt worden ist, veranlaßt dieser allgemeineren Verwendung auch im Titel Ausdruck zu geben und einen Paragraphen (16) über die Auflösung von Gleichungen neu hinzuzufügen. Der Inhalt dieses Paragraphen ist auf die Mittelklassen zu verteilen, wie auch einiges aus den §§ 13—15 nach den neuen Lehrplänen bereits der Ober-Tertia zufällt.

Berlin, im September 1892.

Die Verfasser.

A.

Kursus der Unterklassen.

§ 1.

Die vier Grundoperationen.

1) **Addieren.** Zahlen, welche addiert werden sollen, heißen **Summanden.** Durch Addition entsteht eine **Summe.**

2) **Subtrahieren.** Die Zahl, von welcher subtrahiert werden soll, heißt **Minuendus;** die Zahl, welche subtrahiert werden soll, heißt **Subtrahendus.** Durch Subtraktion entsteht eine **Differenz.**

3) **Multiplizieren.** Die Zahl, welche multipliziert werden soll, heißt **Multiplicandus;** die Zahl, mit welcher multipliziert werden soll, heißt **Multiplicator;** beide Zahlen heißen auch **Faktoren.** Durch Multiplication entsteht ein **Produkt.**

4) **Dividieren.** Die Zahl, welche dividiert werden soll, heißt **Dividendus;** die Zahl, durch welche dividiert werden soll, heißt **Divisor.** Durch Division entsteht ein **Quotient.**

   Es giebt zwei Arten der Division:

   a) Teilen, z. B. 60 M : 5 = 12 M (der fünfte Teil von 60 M ist 12 M);

   b) Messen, z. B. 60 M : 12 M = 5 (12 M sind in 60 M 5 mal enthalten).

Zeichenregel. Die Zeichen . und : verbinden nur die benachbarten Zahlen, die Zeichen + und — verbinden auch Produkte und Quotienten. Die vor und nach einer Klammer stehenden Zeichen beziehen sich stets auf den ganzen Klammerausdruck.

§ 2.
Teilbarkeit der Zahlen.

1) Eine Zahl, die durch keine andere Zahl (ohne Rest) teilbar ist, heißt **Primzahl.**
2) Eine Zahl, die durch andere Zahlen (ohne Rest) teilbar ist, heißt eine **zusammengesetzte Zahl.**
3) Eine zusammengesetzte Zahl in **Primfaktoren** zerlegen bedeutet sie als ein Produkt von Primzahlen darstellen.
4) Eine Zahl ist durch 2 teilbar, wenn die letzte Ziffer durch 2 teilbar (oder 0) ist.
5) Eine Zahl ist durch 4 teilbar, wenn die Zahl aus den zwei letzten Ziffern durch 4 teilbar ist (oder wenn die zwei letzten Ziffern 00 sind).
6) Eine Zahl ist durch 8 teilbar, wenn die Zahl aus den drei letzten Ziffern durch 8 teilbar ist (oder wenn die drei letzten Ziffern 000 sind).
7) Eine Zahl ist durch 3 teilbar, wenn die Quersumme durch 3 teilbar ist.
8) Eine Zahl ist durch 9 teilbar, wenn die Quersumme durch 9 teilbar ist.
9) Eine Zahl ist durch 5 teilbar, wenn die letzte Ziffer durch 5 teilbar (oder 0) ist.
10) Eine Zahl ist durch 25 teilbar, wenn die Zahl aus den zwei letzten Ziffern durch 25 teilbar ist (oder wenn die zwei letzten Ziffern 00 sind).

(Eine Zahl ist teilbar durch 6, wenn durch 2 und 3; durch 15, wenn durch 3 und 5, u. s. w.)

11) **Der größte gemeinsame Teiler** von zwei (oder mehreren) Zahlen ist die größte Zahl, welche in jeder derselben ohne Rest aufgeht.

Zahlen, die keinen gemeinsamen Teiler haben, heißen **relative Primzahlen.**

Das Aufsuchen des größten gemeinsamen Teilers geschieht (I) durch Zerlegung in Faktoren.

Beispiel:

$$6552 = \underline{2.2.2.3.3.7}.13$$
$$14112 = 2.\underline{2.2.2.2.3.3.7}.7$$

Der größte gemeinsame Teiler von 6552 und 14112 ist daher

$$2.2.2.3.3.7 = 504.$$

(II) Durch wiederholte Division.

Beispiel: 7453 : 2407 = 3

```
7453 : 2407 = 3
7221
2407 : 232 = 10
2320
 232 : 87 = 2
 174
  87 : 58 = 1
  58
  58 : 29 = 2.
```

Der größte gemeinsame Teiler von 7453 und 2407 ist also 29.

12) **Das kleinste gemeinsame Vielfache** von zwei (oder mehreren) Zahlen ist die kleinste Zahl, welche durch jede derselben ohne Rest teilbar ist.

Das Aufsuchen des kleinsten gemeinsamen Vielfachen von mehreren Zahlen geschieht durch Zerlegung in Faktoren.

Beispiel: Welches ist das kleinste gemeinsame Vielfache von 15, 40, 45, 72, 80?

$$45 = 3.3.5$$
$$72 = 2.2.2.3.3$$
$$80 = 2.2.2.2.5$$

Das kleinste gemeinsame Vielfache von (15, 40,) 45, 72, 80 ist

$$2.2.2.2.3.3.5 = 720.$$

§ 3.

Von den Brüchen.

1) Teilt man ein Ganzes in gleiche Teile, so wird jeder dieser Teile oder eine Anzahl derselben ein **Bruch** genannt.

Der Nenner giebt an, in wieviel gleiche Teile das Ganze geteilt ist; der Zähler giebt an, aus wieviel solchen Teilen der Bruch besteht. — $\frac{3}{5}$ M bedeutet: den fünften Teil von 1 M dreimal genommen, oder auch: den fünften Teil von 3 M.

2) **Echte** Brüche sind solche Brüche, die weniger Teile enthalten als die Einheit; **unechte** Brüche sind solche, die ebensoviele

oder mehr Teile enthalten als die Einheit. **Gemischte Zahlen** sind Summen, die aus einer ganzen Zahl und einem Bruch bestehen. Brüche mit gleichem Nenner heißen **gleichnamig.**

3) Gleichnamige Brüche werden addiert (oder subtrahiert), indem man die Zähler addiert (oder subtrahiert) und die erhaltene Summe (oder Differenz) durch den gemeinsamen Nenner dividiert.

4) Ein Bruch wird mit einer ganzen Zahl multipliziert, indem man (bei unverändertem Nenner) den Zähler multipliziert.

Eine gemischte Zahl wird multipliziert, indem man die ganze Zahl und den Bruch einzeln multipliziert und beide Produkte addiert.

5) Ein Bruch wird durch eine ganze Zahl dividiert, indem man (bei unverändertem Zähler) den Nenner multipliziert. (Ist der Zähler durch die ganze Zahl teilbar, so kann man auch den Zähler durch dieselbe dividieren.)

Gemischte Zahlen werden vor der Division in unechte Brüche verwandelt.

6) Ein Bruch wird **erweitert,** indem man Zähler und Nenner mit derselben Zahl multipliziert. — Ein Bruch wird **gehoben,** indem man Zähler und Nenner durch dieselbe Zahl dividiert.

Durch Erweitern und Heben wird der Wert eines Bruches nicht geändert.

7) Ungleichnamige Brüche werden addiert (oder subtrahiert), indem man sie auf den Hauptnenner bringt und die erhaltenen gleichnamigen Brüche addiert (oder subtrahiert).

Der Hauptnenner ist das kleinste gemeinsame Vielfache aller einzelnen Nenner (§ 2, 12).

8) Mit einem Bruch multiplizieren bedeutet: mit dem Zähler multiplizieren und durch den Nenner dividieren.

9) Zwei Brüche werden miteinander multipliziert, indem man Zähler mit Zähler und Nenner mit Nenner multipliziert.

10) Durch einen Bruch wird dividiert, indem man mit dem umgekehrten Bruch multipliziert.

§ 4.

Von den Dezimalbrüchen.

1) Dezimalbruch heißt ein Bruch, dessen Nenner eine dekadische Einheit ist. — Ein Dezimalbruch läßt sich auch als eine Summe von Brüchen betrachten, deren Nenner aufeinanderfolgende dekadische Einheiten sind.

$$\text{z. B. } 0{,}507 = \frac{507}{1000} \quad \text{oder} \quad \frac{5}{10} + \frac{7}{1000}.$$

Aus der Einheit entstehen durch wiederholte Multiplication mit 10 die **dekadischen** Einheiten (10, 100, 1000 u. s. w.), durch wiederholte Division mit 10 die **dezimalen** Einheiten (0,1, 0,01, 0,001 u. s. w.).

2) Ein Dezimalbruch ist gleich einem gemeinen Bruch, dessen Zähler die aus den Ziffern des Dezimalbruches gebildete Zahl und dessen Nenner eine dekadische Einheit mit soviel Nullen ist, wie hinter dem Komma Ziffern stehen.

3) Dezimalbrüche werden addiert (oder subtrahiert), indem man sie so untereinander stellt, daß Komma unter Komma steht, und sie dann wie ganze Zahlen addiert (oder subtrahiert).

4) Dezimalbrüche werden mit einer dekadischen Einheit multipliziert (oder dividiert), indem man das Komma um soviel Stellen nach rechts (oder links) rückt, als die dekadische Einheit Nullen hat.

5) Dezimalbrüche werden multipliziert, indem man sie wie ganze Zahlen multipliziert und im Produkt so viele Dezimalstellen abstreicht, wie in den Faktoren zusammen enthalten sind.

6) Bei der Division macht man den Divisor ganzzahlig, indem man Dividendus und Divisor mit derselben dekadischen Einheit multipliziert.

7) Jeder gemeine Bruch kann durch Ausführung der Division in einen Dezimalbruch verwandelt werden. Nur solche Brüche, deren Nenner keine anderen Faktoren als 2 und 5 enthält, liefern endliche Dezimalbrüche; enthält dagegen der Nenner andere Primfaktoren, so entsteht ein periodischer und zwar ein rein- oder unrein-periodischer Dezimalbruch.

Die Anzahl der Ziffern in der Periode ist nur abhängig von dem Nenner n (vgl. Anhang Tabelle III).

Hat der Nenner die Form $n . 2^a . 5^b$, wo also n eine relative Primzahl zu 2 und 5 bedeutet, so ist die Anzahl der Ziffern vor der Periode gleich dem größeren der beiden Exponenten a und b, die der Ziffern in der Periode dieselbe wie bei einem Bruch mit dem Nenner n.

8) **Verwandlung periodischer Dezimalbrüche in gemeine Brüche.** **Beispiele:**

a)
$$x = 0,\overline{225}\,225 \ldots$$
$$1000x = 225,\,225 \ldots$$
$$1x = 0,\,225 \ldots$$
$$999x = 225$$
$$x = \frac{225}{999} = \frac{25}{111}.$$

b)
$$x = 0,3\,\overline{228}\,228 \ldots$$
$$10000x = 3\,228,\,228 \ldots$$
$$10x = 3,\,228 \ldots$$
$$9990x = 3225$$
$$x = \frac{3225}{9990} = \frac{215}{666}.$$

Abgekürzte Multiplication und Division.

Bezeichnet man mit M, HT, ZT, T, H, Z, E, z, h, t, zt, ht, m ... die dekadischen und dezimalen Einheiten Million ... Einer, Zehntel ... Millionstel u. s. w., so bedeutet die Angabe (z) hinter einer Aufgabe, daß bis auf ein Zehntel genau gerechnet werden soll, d. h. daß der Fehler kleiner als ein halbes Zehntel sein soll.

Beispiele für die Multiplication:

1) 33, 4562 . 42, 78 (z) 2) 0, 04567 . 0, 03784 (zt).

Man verwandelt die Aufgabe durch Multiplication des einen und Division des andern Faktors mit einer dekadischen Einheit in eine solche Form, daß der Multiplicator mit Einern beginnt:

334, 562 . 4, 278 0, 0004567 . 3, 784.

Man behält dann im Multiplicandus nur eine Stelle mehr bei, als im Resultat verlangt werden, und multipliziert zuerst mit den Einern des Multiplicators; streicht darauf diese und die letzte Stelle des Multiplicandus u. s. f., indem man beim Multiplizieren auch die vorher gestrichene Zahl noch berücksichtigt:

```
     334, 562              0, 0004567
       4, 278              3, 784
     --------              ----------
    1338, 25               0, 00137
      66, 91                      32
      23, 42                       3
       2, 67               ----------
    --------               0, 0017(2)
    1431, 2(5)
Resultat: 1431, 3.    Resultat: 0, 0017.
```

Beispiele für die Division:

1) 25, 3416 : 13, 472 (h) 2) 0, 00172 : 0, 03784 (t).

Man macht zuerst den Divisor ganzzahlig:

25 341, 6 : 13472 172 : 3784.

Darauf entscheidet man über die Stellung des Kommas im Resultat und die Anzahl der Ziffern desselben (eine Dezimalstelle mehr als verlangt ist), indem man die von Null abweichenden Ziffern durch Punkte andeutet:

25341, 6 : 13472 = ., . . . 172 : 3784 = 0, 0 . . .

Man läßt nun dem Divisor nur soviel Ziffern, als Punkte im Resultat stehen, und giebt dem Dividendus durch Streichen von Ziffern (oder Zufügung von Nullen) soviel Ziffern, daß die Division einmal ausführbar wird; nach der ersten Division streicht man die letzte Ziffer des Divisors, u. s. f., indem man die letztgestrichene Ziffer bei der Multiplication immer noch mitberücksichtigt:

```
2534|1, 6 : 1347|2 = 1, 88(1)        1720 : 3784 = 0, 045(4)
1347                                 1514
----                                 ----
1187                                  206
1078   Resultat: 1, 88                189   Resultat: 0, 045.
----                                 ----
 109                                   17
 108                                   15
----                                 ----
   1                                    2
```

B.

Kursus der Mittelklassen.

§ 5.

Von den Größen.

1) **Erklärung.** Eine Größe ist ein Ganzes, welches aus gleichartigen Teilen zusammengesetzt gedacht werden kann, wobei es auf die Anordnung der Teile nicht ankommt.

Auch die unbenannten Zahlen sind als Größen zu betrachten.

2) Jede Größe ist sich selbst gleich.

3) Jede Größe ist gleich der Summe ihrer Teile.

4) Zwei Größen sind entweder einander gleich ($a = b$) oder ungleich ($a > b$ oder $a < b$).

5) Gleiche Größen kann man für einander setzen.

6) Sind zwei Größen einer dritten gleich, so sind sie untereinander gleich.

Ist	$a = b$
und	$b = c$
so folgt	$a = c$.

7) Gleiches zu Gleichem addiert giebt gleiche Summen.

8) Gleiches von Gleichem subtrahiert giebt gleiche Differenzen.

9) Gleiches mit Gleichem multipliziert giebt gleiche Produkte.

10) Gleiches durch Gleiches dividiert giebt gleiche Quotienten.

§ 6.

Addition.

Erklärung. Größen addieren heißt ein Ganzes bilden, dessen Teile die gegebenen Größen sind (vgl. § 1).

Lehrsatz I. $\mathbf{a + b + c = b + c + a = c + a + b \ldots}$

Wenn mehrere Additionen nacheinander vorgenommen werden sollen, so ist die Reihenfolge gleichgültig (folgt aus § 5. 1).

Lehrsatz II. $\mathbf{a + (b + c) = a + b + c}$.

Statt eine Summe zu addieren, darf man die Summanden nacheinander addieren (folgt aus § 5. 1).

Umkehrung. Statt mehrere Größen nacheinander zu addieren, darf man ihre Summe addieren.

Folgerung: In einem Ausdruck, der nur aus Summanden besteht, darf man beliebig Klammern setzen oder fortlassen.

§ 7.

Subtraktion.

Erklärung. Von einer Größe a eine Größe b subtrahieren heißt einen Summanden suchen, der zu b addiert a als Summe ergiebt (vgl. § 1).

Definitionsgleichung. $\mathbf{(a - b) + b = a}$.

Die Differenz $a - b$ ist demnach diejenige Größe, welche zum Subtrahendus addiert den Minuendus ergiebt.

Addition und Subtraktion derselben Größe heben einander auf.

Lehrsatz I. $a - (b + c) = a - b - c$.

Statt eine Summe zu subtrahieren, darf man die Summanden nacheinander subtrahieren.

Beweis. Die Differenz $a - (b + c)$ ist diejenige Größe, welche zu $(b + c)$ addiert a ergiebt. Soll daher der rechts stehende Ausdruck gleich dieser Differenz sein, so muß er zu $(b + c)$ addiert a ergeben. Dies ist der Fall, denn

$$\begin{aligned} a - b - c + (b + c) &= a - b - c + b + c \quad (\S\, 6,\ \text{II.}) \\ &= a - b - c + c + b \quad (\S\, 6,\ \text{I.}) \\ &= a - b + b = a. \quad (\text{Def.}) \end{aligned}$$

Umkehrung. Statt mehrere Größen nacheinander zu subtrahieren, darf man ihre Summe subtrahieren.

Lehrsatz II. $a + (b - c) = a + b - c$.

Statt eine Differenz zu addieren, darf man den Minuendus addieren und den Subtrahendus subtrahieren.

Beweise, daß c zur linken Seite addiert $a + b$ ergiebt.

Umkehrung. Statt nacheinander eine Größe zu addieren und eine kleinere zu subtrahieren, darf man ihre Differenz addieren.

Zusatz. $a + b - c = a - c + b$.

Wenn nacheinander eine Addition und eine Subtraktion vorgenommen werden soll, so ist die Reihenfolge gleichgültig.

Beweise, daß c zur rechten Seite addiert $a + b$ ergiebt.

Lehrsatz III. $a - (b - c) = a - b + c$.

Statt eine Differenz zu subtrahieren, darf man in beliebiger Reihenfolge den Minuendus subtrahieren und den Subtrahendus addieren.

Beweise, daß $b - c$ zur rechten Seite addiert a ergiebt.

Umkehrung. Statt nacheinander eine Größe zu subtrahieren und eine kleinere zu addieren, darf man ihre Differenz subtrahieren.

Erklärung. Eine algebraische Summe ist ein Ausdruck, welcher aus Summanden und Subtrahenden zusammengesetzt ist.

Die Reihenfolge der Glieder einer algebraischen Summe ist gleichgültig (folgt aus § 6, I. und § 7, II. Zus.).

Lehrsatz IV. $a + (b - c + d - e + f) = a + b - c + d - e + f$.

Statt eine algebraische Summe zu addieren, darf man in beliebiger Reihenfolge die Summanden addieren und die Subtrahenden subtrahieren.

Zum Beweise bringe die algebraische Summe in die Form einer Differenz und wende Lehrsatz II. an.

Lehrsatz V. $a-(b-c+d-e+f)=a-b+c-d+e-f.$

Statt eine algebraische Summe zu subtrahieren, darf man in beliebiger Reihenfolge die Summanden subtrahieren und die Subtrahenden addieren.

Beweis wie vorher, benutze Lehrsatz III.

§ 8.

Von den algebraischen Größen.

Erklärung. Eine **positive** Größe $(+a)$ ist eine Größe mit der Angabe, daß sie addiert werden soll. Eine **negative** Größe $(-a)$ ist eine Größe mit der Angabe, daß sie subtrahiert werden soll.

Größen mit demselben Vorzeichen heißen gleichstimmig, Größen mit entgegengesetzten Vorzeichen heißen ungleichstimmig. —

Durch die Einführung der algebraischen Größen wird es möglich, das Resultat einer Subtraktion auch dann anzugeben, wenn der Subtrahendus größer als der Minuendus ist. Man erhält ferner mit Rücksicht auf die Umkehrungen § 7, II. und III.:

$$+b-c=+(b-c), \text{ wenn } c<b$$

$$+b-c=-(c-b), \text{ wenn } c>b.$$

Die erste von diesen Gleichungen kann aber ohne Beschränkung angewendet werden, wenn man der rechten Seite derselben auch für den Fall $c>b$ eine Bedeutung beilegt. Dies geschieht vermöge der folgenden Festsetzungen.

Erklärung. Eine positive Größe addieren bedeutet ihren absoluten Wert addieren. Eine negative Größe addieren bedeutet ihren absoluten Wert subtrahieren.

Dieser Erklärung zufolge können Addition und Subtraktion zu einer einzigen Operation, der algebraischen Addition, zusammengefaßt werden. Eine algebraische Summe kann demnach als eine Summe von algebraischen Größen angesehen werden.

Lehrsätze. Eine positive Größe wird subtrahiert, indem man den absoluten Wert subtrahiert. Eine negative Größe wird subtrahiert, indem man den absoluten Wert addiert.

$$a-(+b)=a-b, \quad a-(-b)=a+b.$$

(Beweise, daß der Subtrahendus zur rechten Seite addiert den Minuendus ergiebt).

Zeichenregeln. 1) Gleichstimmige Größen werden zu einander addiert, indem man ihre absoluten Werte addiert und der erhaltenen Summe das gemeinsame Vorzeichen giebt.

$$(+a)+(+b)=+(a+b), \qquad (-a)+(-b)=-(a+b).$$

2) Ungleichstimmige Größen werden zu einander addiert, indem man ihre absoluten Werte subtrahiert und der erhaltenen Differenz das Vorzeichen des größeren giebt.

$$(+a)+(-b)=+(a-b), \text{ wenn } a>b$$
$$=-(b-a), \text{ wenn } a<b.$$

Alle Sätze über Addition und Subtraktion gelten auch für algebraische Größen.*)

§ 9.

Multiplication.

Erklärung. Eine Größe a mit einer Zahl n multiplizieren heißt eine Summe bilden, welche den Multiplicandus a nmal als Summandus enthält (vgl. § 1). Das Produkt $\mathbf{a.n}$ (oder an) bedeutet daher $\mathbf{a+a+a+\cdots+a}$ (n Summanden a).

Der Multiplicator n kann hiernach nur eine natürliche (d. h. absolute ganze) Zahl sein. — Ein Produkt, dessen beide Faktoren Zahlen sind, heißt Zahlenprodukt.

Lehrsatz I. $\mathbf{p.q=q.p}$.

In einem Zahlenprodukt darf man die Faktoren miteinander vertauschen.

Lehrsatz II. $\mathbf{a.(p.q)=a.p.q}$ (oder $a.q.p$).

Statt mit einem Zahlenprodukt zu multiplizieren, darf man mit den Faktoren nacheinander (in beliebiger Reihenfolge) multiplizieren.

*) Dieser und die späteren gesperrt gedruckten Sätze enthalten Erweiterungen, die mit Hülfe der vorausgeschickten Erklärungen zu beweisen sind.

Umkehrung. Statt mit mehreren Zahlen nacheinander zu multiplizieren, darf man mit ihrem Produkt multiplizieren.

Folgerung. Wenn nacheinander mehrere Multiplicationen vorgenommen werden sollen, so ist die Reihenfolge derselben gleichgültig.

Lehrsatz III. 1) $(\mathbf{a}+\mathbf{b}-\mathbf{c}).\mathbf{n}=\mathbf{a}.\mathbf{n}+\mathbf{b}.\mathbf{n}-\mathbf{c}.\mathbf{n}.$

Statt eine algebraische Summe zu multiplizieren, darf man die Glieder einzeln multiplizieren und die erhaltenen Teilprodukte addieren bez. subtrahieren.

2) $\mathbf{a}.(\mathbf{n}-\mathbf{p}+\mathbf{q})=\mathbf{a}.\mathbf{n}-\mathbf{a}.\mathbf{p}+\mathbf{a}.\mathbf{q}.$

Statt mit einer algebraischen Summe zu multiplizieren, darf man mit den Gliedern derselben einzeln multiplizieren und die erhaltenen Teilprodukte addieren bez. subtrahieren.

Umkehrung. Statt Produkte mit einem gemeinsamen Faktor zu addieren oder zu subtrahieren, darf man die algebraische Summe der nicht gemeinsamen Faktoren mit dem gemeinsamen Faktor multiplizieren.

Die Beschränkung, daß der Multiplicator nur eine absolute Zahl sein kann, wird aufgehoben durch die Einführung des **algebraischen Multiplicators.**

Man hat zwar zu unterscheiden

$an-ap=a(n-p)$, wenn $n>p$, und

$an-ap=-a(p-n)$, wenn $n<p$.

Die erste dieser Gleichungen wird aber unbeschränkt anwendbar, wenn man dem Multiplicator $(n-p)$ für den Fall $n<p$ eine solche Bedeutung beilegt, daß das Produkt $a(n-p)$ mit $-a(p-n)$ übereinstimmt.

Erklärung. Mit einer positiven oder negativen Zahl multiplizieren bedeutet mit der absoluten Zahl multiplizieren und das Produkt addieren oder subtrahieren.

Es wird daher: $(+a)(+n)=+(+an)=+an$

$(+a)(-n)=-(+an)=-an$

$(-a)(+n)=+(-an)=-an$

$(-a)(-n)=-(-an)=+an.$

Zeichenregel: Das Produkt von zwei gleichstimmigen Faktoren ist positiv; das Produkt von zwei ungleichstimmigen Faktoren ist negativ.

Die Multiplicationssätze gelten auch für algebraische Multiplicatoren.

Folgerung. Zwei algebraische Summen werden miteinander multipliziert, indem man jedes Glied der einen mit jedem Gliede der andern unter Beachtung der Zeichenregel multipliziert.

Formel. $(a-b).(c-d)=a.c-b.c-a.d+b.d.$

§ 10.

Formeln.

Bezeichnet man $a.a$ mit a^2, $a.a.a$ mit a^3, so gelten folgende Formeln:

1) $\mathbf{(a+b)^2=a^2+2ab+b^2}$,

d. h. das Quadrat der Summe zweier Zahlen ist gleich der Summe der Quadrate beider Zahlen vermehrt um das doppelte Produkt der beiden Zahlen.

2) $\mathbf{(a-b)^2=a^2-2ab+b^2}$,

d. h. das Quadrat der Differenz zweier Zahlen ist gleich der Summe der Quadrate beider Zahlen vermindert um das doppelte Produkt der beiden Zahlen.

3) $\mathbf{(a+b)(a-b)=a^2-b^2}$,

d. h. das Produkt von Summe und Differenz zweier Zahlen ist gleich der Differenz der Quadrate beider Zahlen, und umgekehrt:

$\mathbf{a^2-b^2=(a+b)(a-b)}$,

d. h. die Differenz der Quadrate zweier Zahlen ist gleich dem Produkt von Summe und Differenz beider Zahlen.

4) $\mathbf{(a+b)^3=a^3+3a^2b+3ab^2+b^3}$,

5) $\mathbf{(a-b)^3=a^3-3a^2b+3ab^2-b^3}$,

6) $\mathbf{(a+b+c)^2=a^2+2ab+b^2+2ac+2bc+c^2}$.

§ 11.

Division.

Erklärung. Eine Größe a durch b dividieren heißt einen Faktor suchen, der mit b multipliziert das Produkt a ergiebt (vgl. § 1).

Definitionsgleichung. $\mathbf{\frac{a}{b}\cdot b=a.}$

Wenn man daher einen Quotienten mit seinem Divisor multipliziert, so erhält man als Produkt den Dividendus. Multiplication und Division mit derselben Zahl heben einander auf.

Ist der Divisor b eine natürliche Zahl, so bedeutet $\frac{a}{b}$ den b^{ten} Teil von a (Division des Teilens).

Ist a ebenfalls eine natürliche Zahl, so heißt $\frac{a}{b}$ ein Bruch, und zwar, wenn a durch b genau teilbar ist, ein uneigentlicher Bruch; wenn dagegen a durch b nicht genau teilbar ist, so heißt $\frac{a}{b}$ ein eigentlicher Bruch und bedeutet soviel wie $\frac{1}{b} \cdot a$, d. h. den b^{ten} Teil der Einheit a mal genommen (§ 3, 1), denn $\left(\frac{1}{b} \cdot a\right) \cdot b = \frac{1}{b} \cdot b . a = 1 . a = a$.

Ein Bruch kann nach § 5, 1 auch als eine Größe betrachtet werden.

Lehrsatz I. $\frac{\mathbf{a+b-c}}{\mathbf{n}} = \frac{\mathbf{a}}{\mathbf{n}} + \frac{\mathbf{b}}{\mathbf{n}} - \frac{\mathbf{c}}{\mathbf{n}}$.

Statt eine algebraische Summe zu dividieren, darf man die Glieder einzeln dividieren und die erhaltenen Quotienten addieren oder subtrahieren.

Beweis. Der Quotient $\frac{a+b-c}{n}$ giebt mit dem Divisor n multipliziert den Dividendus a+b—c. Soll daher der rechtsstehende Ausdruck gleich diesem Quotienten sein, so muß er mit n multipliziert a+b—c ergeben. Dies ist der Fall, denn

$$\left(\frac{a}{n} + \frac{b}{n} - \frac{c}{n}\right) \cdot n = \frac{a}{n} \cdot n + \frac{b}{n} \cdot n - \frac{c}{n} \cdot n \quad (\S\ 9,\ \text{III})$$
$$= a+b-c \quad \text{(Definition)}.$$

Umkehrung. Statt Quotienten mit gleichem Divisor zu addieren oder zu subtrahieren, darf man die algebraische Summe der Dividenden durch denselben Divisor dividieren.

Lehrsatz II. $\frac{\mathbf{a.b}}{\mathbf{c}} = \frac{\mathbf{a}}{\mathbf{c}} \cdot \mathbf{b}$.

Statt ein Produkt zu dividieren, darf man den einen Faktor dividieren und den erhaltenen Quotienten mit dem anderen Faktor multiplizieren.

Beweise, daß die rechte Seite mit c multipliziert ab ergiebt.

Umkehrung. Statt einen Quotienten zu multiplizieren, darf man den Dividendus multiplizieren und das erhaltene Produkt durch den Divisor dividieren.

Wenn $\frac{a}{c}$ ein eigentlicher Bruch ist, so wird auf das Produkt $\frac{a}{c} \cdot b$ das Gesetz von der Vertauschbarkeit der Faktoren (§ 9, I) erst dadurch anwendbar, daß man die folgende Festsetzung über die Bedeutung eines gebrochenen Multiplicators macht.

Erklärung: $$\mathbf{b \cdot \frac{a}{c} = \frac{b.a}{c}}.$$

Mit einem Quotienten multiplizieren bedeutet mit dem Dividendus multiplizieren und durch den Divisor dividieren.

Hierdurch ist die Multiplication so erweitert, daß sie die Division als besonderen Fall einschließt.

Lehrsatz III. $$\mathbf{\frac{a}{b.c} = \frac{a}{b} : c} \quad \left(\text{oder } \frac{a}{c} : b\right).$$

Statt durch ein Produkt zu dividieren, darf man durch die Faktoren nacheinander dividieren.

Beweise, daß die rechte Seite mit bc multipliziert a ergiebt.

Umkehrung. Statt durch mehrere Zahlen nacheinander zu dividieren, darf man durch ihr Produkt dividieren.

Zusatz: Wenn nacheinander mehrere Divisionen vorgenommen werden sollen, so ist die Reihenfolge gleichgültig.

Lehrsatz IV. $$\mathbf{a : \frac{b}{c} = \frac{a.c}{b}}.$$

Statt durch einen Quotienten zu dividieren, darf man mit dem Divisor multiplizieren und durch den Dividendus dividieren.

Beweise, daß die rechte Seite mit $\frac{b}{c}$ multipliziert a ergiebt.

Zusatz: Aus den obigen Sätzen folgen die Formeln

$$\frac{a}{b} \cdot \frac{c}{d} = \frac{a.c}{b.d}, \qquad \frac{a}{b} : \frac{c}{d} = \frac{a.d}{b.c}.$$

Lehrsatz V. $$\mathbf{\frac{a.n}{b.n} = \frac{a}{b}}.$$

Der Wert eines Quotienten bleibt ungeändert, wenn man Dividendus und Divisor durch dieselbe Zahl dividiert (hebt).

Beweise, daß die rechte Seite mit bn multipliziert an ergiebt.

Umkehrung. Der Wert eines Quotienten bleibt ungeändert, wenn man Dividendus und Divisor mit derselben Zahl multipliziert (erweitert).

Die Sätze über Multiplication und Division gelten auch für gebrochene Zahlen.

Die Ausführung der Rechnung mit Brüchen (§ 3) ergiebt sich aus den Divisionssätzen.

Aus der Zeichenregel des § 9 folgt:

$$\frac{+a}{+b} = +\frac{a}{b}, \qquad \frac{-a}{+b} = -\frac{a}{b},$$

$$\frac{+a}{-b} = -\frac{a}{b}, \qquad \frac{-a}{-b} = +\frac{a}{b}.$$

Zeichenregel: Der Quotient von zwei gleichstimmigen Größen ist positiv, der Quotient von zwei ungleichstimmigen Größen ist negativ.

Die Divisionssätze gelten auch für algebraische Größen.

Zusatz 1. Die Aufsuchung des größten gemeinsamen Teilers (§ 2) läßt sich in der folgenden Form darstellen:

Ist	$a : b = q_1$ Rest r_1	oder	$a = q_1 b + r_1$
	$b : r_1 = q_2$ Rest r_2		$b = q_2 r_1 + r_2$
	$r_1 : r_2 = q_3$ Rest r_3		$r_1 = q_3 r_2 + r_3$
	$r_2 : r_3 = q_4$ Rest 0		$r_2 = q_4 r_3$,

dann ist r_3 der größte gemeinsame Teiler von a und b.

Zusatz 2. **Ausführung der algebraischen Division.**

Man ordnet Dividendus und Divisor gleichmäßig — nach steigenden oder fallenden Potenzen — und dividiert das erste Glied des Dividendus durch das erste Glied des Divisors; dadurch erhält man das erste Glied des Quotienten. Mit diesem multipliziert man den Divisor und subtrahiert das erhaltene Produkt vom Dividendus. (Im Beispiel sind die umgekehrten Vorzeichen über die ursprünglichen gesetzt.) Dann dividiert man das erste Glied des Restes wiederum durch das erste Glied des Divisors u. s. f.

Beispiel:

$$
\begin{array}{l}
12x^5+2x^4-15x^3+13x^2-17x+5 : 4x^3-2x^2+3x-1 = 3x^2+2x-5 \\
\underline{-12x^5 \pm 6x^4 \mp 9x^3 \pm 3x^2} \\
\qquad 8x^4-24x^3+16x^2-17x+5 \\
\qquad \underline{-8x^4 \pm 4x^3 \mp 6x^2 \pm 2x} \\
\qquad\quad -20x^3+10x^2-15x+5 \\
\qquad\quad \underline{\pm 20x^3 \mp 10x^2 \pm 15x \mp 5} \\
\qquad\qquad 0.
\end{array}
$$

Der Beweis für die Richtigkeit dieses Verfahrens geschieht mit Hülfe der Definition des Quotienten.

§ 12.

Verhältnisse und Proportionen.

Erklärung. Sind a und b gleichartige Größen, so heißt der Quotient $\frac{a}{b}$ auch das **Verhältnis** von a zu b; in diesem Falle bedeutet $\frac{a}{b}$ die Zahl, welche angiebt, wie oft b in a enthalten ist (Division des Messens).

Auch ein Zahlenquotient kann als ein Verhältnis angesehen werden, da unbenannte Zahlen gleichartige Größen sind.

Zwei Größen heißen commensurabel, wenn sich ein gemeinsames Maß für beide angeben läßt. Das Verhältnis von zwei commensurabeln Größen ist eine **rationale** (d. h. ganze oder gebrochene) Zahl.

Die Aufsuchung des größten gemeinsamen Maßes zweier Größen (z. B. zweier Strecken) geschieht wie diejenige des größten gemeinsamen Teilers. — Das Verhältnis zweier Größen kann durch das Verhältnis ihrer Maßzahlen ersetzt werden.

Zwei Größen heißen incommensurabel, wenn sich kein gemeinsames Maß angeben läßt. Das Verhältnis von zwei incommensurabeln Größen ist eine **irrationale** Zahl (d. h. durch keine ganze oder gebrochene Zahl genau angebbar).

Für ein Verhältnis von zwei incommensurablen Größen lassen sich Näherungswerte aufstellen, indem man das Verfahren der Aufsuchung des gemeinsamen Maßes bei einem beliebigen Rest abbricht und beide Größen als Vielfache des vorhergehenden Restes darstellt.

Beispiel: Sind a und b zwei incommensurable Größen, für welche die Gleichungen gefunden sind:

$$a = 5b + r_1$$
$$b = 3r_1 + r_2$$
$$r_1 = 2r_2 + r_3 \quad (\text{wo } r_1 > r_2 > r_3),$$
$$\ldots\ldots\ldots$$

so wird, je nachdem man r_3 vernachlässigt oder durch r_2 ersetzt:

$$r_1 = 2r_2, \quad b = 7r_2, \quad a = 37r_2, \quad \frac{a}{b} = \frac{37}{7}, \text{ oder}$$

$$r_1 = 3r_2, \quad b = 10r_2, \quad a = 53r_2, \quad \frac{a}{b} = \frac{53}{10};$$

diese Brüche sind Näherungswerte von $\frac{a}{b}$.

Die Divisionssätze gelten auch für Verhältnisse.

Denn sofern sich ein Verhältnis als Zahl darstellen läßt, unterliegt es der Definition des Quotienten (§ 11).

Erklärung. Eine Proportion ist eine Gleichung zwischen zwei Verhältnissen:

$$\mathbf{a : b = c : d} \quad \text{oder} \quad \frac{\mathbf{a}}{\mathbf{b}} = \frac{\mathbf{c}}{\mathbf{d}}.$$

a und d heißen Außenglieder, b und c Innenglieder;
a „ c „ Vorderglieder, b „ d Hinterglieder.

Aus der vorstehenden Proportion ergeben sich folgende Lehrsätze:

Lehrsatz I. $\mathbf{ad = bc.}$

Zum Beweise multipliziere die Proportion mit bd.

In jeder Zahlenproportion ist das Produkt der Außenglieder gleich dem Produkt der Innenglieder.

Lehrsatz II. $\mathbf{a : c = b : d}$
$\mathbf{d : b = c : a.}$

Zum Beweise dividiere die Gleichung $ad = bc$ durch $c.d$ und durch $a.b$.

In jeder Proportion lassen sich 1) die Innenglieder miteinander, 2) die Außenglieder miteinander vertauschen.

Lehrsatz III. $\frac{\mathbf{a \pm b}}{\mathbf{c \pm d}} = \frac{\mathbf{b}}{\mathbf{d}} \quad \left(\text{oder } \frac{a}{c}\right).$

In jeder Proportion verhält sich die Summe (oder Differenz)

der Glieder eines Verhältnisses zur Summe (oder Differenz) der Glieder des andern Verhältnisses wie ein Glied des ersten Verhältnisses zu dem entsprechenden Gliede des andern Verhältnisses.

Zum Beweise addiere (oder subtrahiere) 1 zu beiden Seiten der vorausgesetzten Proportion.

Folgerungen. $\frac{a+b}{a-b}=\frac{c+d}{c-d}$. In Worten?

$$\frac{a\pm c}{b\pm d}=\frac{c}{d}\ \left(\text{oder } \frac{a}{b}\right).$$

(Folgt nach Anwendung von Lehrsatz II, 1.)

$$\frac{a+c}{a-c}=\frac{b+d}{b-d}.\quad \text{In Worten?}$$

Erklärung. Eine laufende Proportion entsteht, wenn mehr als zwei Verhältnisse durch Gleichheitszeichen verbunden werden, z. B.

$$\frac{a}{a'}=\frac{b}{b'}=\frac{c}{c'}=\cdots.$$

Lehrsatz IV. $\frac{a+b+c}{a'+b'+c'}=\frac{a}{a'}=\cdots.$

In jeder laufenden Proportion verhält sich die Summe aller Vorderglieder zur Summe aller Hinterglieder wie ein Vorderglied zu seinem Hintergliede.

Beweis. Bezeichne den gemeinsamen Wert der Verhältnisse $\frac{a}{a'}, \frac{b}{b'}, \frac{c}{c'} \cdot\cdot$ mit k und addiere die Gleichungen $a = a'k$, $b = b'k$ u. s. f.

Lehrsatz III und Folgerungen lassen sich auch als besondere Fälle aus Lehrsatz IV ableiten.

Erklärung. Eine Proportion, in der die Innenglieder gleich sind, heißt eine stetige Proportion, z. B. $a:b=b:c$.

b heißt mittlere Proportionale zwischen a und c.

§ 13.

Potenzierung.

Erklärung. Eine Zahl a mit einer Zahl n potenzieren heißt ein Produkt bilden, welches die Zahl a nmal als Faktor enthält.

Definitionsgleichung. $a^n = \underbrace{a.a.a\ldots a}_{n\text{ Faktoren}}.$

a heißt Grundzahl oder Basis, n Exponent, a^n die n^{te} Potenz von a.

Der Exponent kann hiernach nur eine natürliche Zahl sein. Die Grundzahl kann eine positive oder negative, ganze oder gebrochene Zahl sein.

Ist die Grundzahl positiv, so sind alle Potenzen positiv. Ist die Grundzahl negativ, so sind alle geraden Potenzen positiv, alle ungeraden negativ.

Ist die Grundzahl ein (echter oder unechter) Bruch, so ist auch jede Potenz derselben ein (echter oder unechter) Bruch.

Lehrsatz I. $(a.b.c)^n = a^n.b^n.c^n.$

Statt ein Produkt zu potenzieren, darf man die Faktoren einzeln potenzieren und die erhaltenen Potenzen multiplizieren.

Umkehrung. Statt Potenzen mit gleichen Exponenten zu multiplizieren, darf man das Produkt der Grundzahlen mit demselben Exponenten potenzieren.

Lehrsatz II. $\left(\frac{a}{b}\right)^n = \frac{a^n}{b^n}.$

Statt einen Quotienten zu potenzieren, darf man Dividendus und Divisor einzeln potenzieren und die erhaltenen Potenzen dividieren.

Umkehrung. Statt Potenzen mit gleichen Exponenten durch einander zu dividieren, darf man den Quotienten der Grundzahlen mit demselben Exponenten potenzieren.

Lehrsatz III. $(a^n)^p = a^{np}.$

Statt nacheinander mit mehreren Zahlen zu potenzieren, darf man mit ihrem Produkt potenzieren.

Umkehrung. Statt mit einem Produkt zu potenzieren, darf man mit den einzelnen Faktoren nacheinander potenzieren.

Lehrsatz IV. $a^n.a^p.a^q = a^{n+p+q}.$

Statt Potenzen mit gleicher Grundzahl zu multiplizieren, darf man die Grundzahl mit der Summe der Exponenten potenzieren.

Umkehrung. Statt mit einer Summe zu potenzieren, darf man mit den Summanden einzeln potenzieren und die erhaltenen Potenzen multiplizieren.

Lehrsatz V. $$\frac{a^n}{a^p} = a^{n-p}.$$

Statt Potenzen mit gleicher Grundzahl durch einander zu dividieren, darf man die Grundzahl mit der Differenz der Exponenten potenzieren.

Umkehrung. Statt mit einer Differenz zu potenzieren, darf man mit dem Minuendus und dem Subtrahendus einzeln potenzieren und die erhaltenen Potenzen dividieren.

Dieser Lehrsatz ist zunächst der Beschränkung $n > p$ unterworfen.

Dagegen ist für $n = p$, $\frac{a^n}{a^n} = 1$,

und für $n < p$, $\frac{a^n}{a^p} = \frac{1}{a^{p-n}}$.

In allen drei Fällen, also ohne Einschränkung, läßt sich die Formel des Lehrsatzes V erst dann anwenden, wenn man eine Erweiterung des Potenzbegriffs vornimmt. Diese geschieht durch Einführung der **algebraischen Exponenten.**

Erklärungen. Mit einer negativen Zahl potenzieren bedeutet mit der absoluten Zahl potenzieren und 1 durch die erhaltene Potenz dividieren. — a^0 ist nur eine andere Form für 1.

Mit einer positiven Zahl potenzieren bedeutet nichts anderes als mit der absoluten Zahl potenzieren.

Definitionsgleichungen. $a^{-n} = \frac{1}{a^n}$, $a^0 = 1$, $a^{+n} = a^n$.

Alle Sätze über Potenzierung gelten auch für algebraische Exponenten.

I. $(a.b.c)^{-n} = a^{-n}b^{-n}c^{-n}$, IV. $a^{+n}.a^{-p}.a^{-q} = a^{+n-p-q}$,

II. $\left(\frac{a}{b}\right)^{-n} = \frac{a^{-n}}{b^{-n}}$, V. $\frac{a^{+n}}{a^{-p}} = a^{n+p}$,

III. $(a^{+n})^{-p} = a^{-np}$, $\frac{a^{-n}}{a^{+p}} = a^{-n-p}$, u. s. w.

$(a^{-n})^{-p} = a^{+np}$, u. s. w. Auch gilt: $\left(\frac{a}{b}\right)^{-n} = \left(\frac{b}{a}\right)^{n}$.

§ 14.

Radizierung.

Erklärung. Eine Zahl a mit der Zahl n radizieren heißt eine Grundzahl suchen, die mit n potenziert den Potenzwert a ergiebt.

a heißt Radicandus, n Wurzelexponent.*)

Definitionsgleichung. $(\sqrt[n]{a})^n = a.$

Die n^{te} Wurzel aus a ist also diejenige Zahl, welche die Eigenschaft hat, mit n potenziert a zu geben. Radizierung und Potenzierung mit derselben Zahl heben einander auf.

Der Exponent n sei zunächst eine natürliche Zahl.

Ist die Grundzahl positiv, so ist jede Wurzel mit ungeradem Exponenten positiv, jede Wurzel mit geradem Exponenten aber hat zwei entgegengesetzte gleiche Werte (einen positiven und einen negativen Wert).

Ist die Grundzahl negativ, so ist jede Wurzel mit ungeradem Exponenten negativ; eine gerade Wurzel aus einer negativen Grundzahl ist unmöglich.

Eine Wurzel aus einer ganzen Zahl ist entweder wieder eine ganze Zahl oder eine **irrationale** Zahl (§ 12).

Eine Wurzel aus einem Bruch ist entweder wieder ein Bruch oder eine irrationale Zahl.

Eine Wurzel aus einer irrationalen Zahl ist wieder eine irrationale Zahl.

Lehrsatz I. $\sqrt[n]{\mathbf{a}.\mathbf{b}.\mathbf{c}} = \sqrt[n]{\mathbf{a}}.\sqrt[n]{\mathbf{b}}.\sqrt[n]{\mathbf{c}}.$

Statt ein Produkt zu radizieren, darf man die Faktoren einzeln radizieren und die erhaltenen Wurzeln multiplizieren.

Beweis. $\sqrt[n]{abc}$ ist diejenige Zahl, die mit n potenziert abc ergiebt. Soll der rechts stehende Ausdruck gleich dieser Wurzel sein, so muß er mit n potenziert abc ergeben. Dies ist der Fall, denn

$$(\sqrt[n]{a}.\sqrt[n]{b}.\sqrt[n]{c})^n = (\sqrt[n]{a})^n.(\sqrt[n]{b})^n.(\sqrt[n]{c})^n \quad \text{(§ 13, Lehrsatz I)}$$
$$= a.b.c. \quad \text{(Definition.)}$$

Umkehrung. Statt Wurzeln mit gleichen Exponenten zu multiplizieren, darf man das Produkt der Radicanden mit demselben Exponenten radizieren.

---

*) Statt $\sqrt[2]{a}$ schreibt man abgekürzt $\sqrt{a}$.

Lehrsatz II. $\sqrt[n]{\frac{a}{b}} = \frac{\sqrt[n]{a}}{\sqrt[n]{b}}$.

Statt einen Quotienten zu radizieren, darf man Dividendus und Divisor einzeln radizieren und die erhaltenen Wurzeln durch einander dividieren.

Beweise, daß die rechte Seite mit n potenziert $\frac{a}{b}$ ergiebt.

Umkehrung. Statt Wurzeln mit gleichen Exponenten durch einander zu dividieren, darf man den Quotienten der Radicanden mit demselben Exponenten radizieren.

Lehrsatz III. $\sqrt[n]{a^p} = (\sqrt[n]{a})^p$.

Wenn nacheinander eine Potenzierung und eine Radizierung vorgenommen werden soll, so ist die Reihenfolge gleichgültig.

Beweise, daß die rechte Seite mit n potenziert a^p ergiebt.

Lehrsatz IV. $\sqrt[n]{\sqrt[p]{a}} = \sqrt[np]{a}$.

Statt mit mehreren Zahlen nacheinander zu radizieren, darf man mit ihrem Produkt radizieren.

Beweise, daß die linke Seite mit np potenziert a ergiebt.

Umkehrung. Statt mit einem Produkt zu radizieren, darf man mit den Faktoren nacheinander (in beliebiger Reihenfolge) radizieren.

Lehrsatz V. $\sqrt[nq]{a^{pq}} = \sqrt[n]{a^p}$.

Eine Wurzel aus einer Potenz bleibt ungeändert, wenn man Wurzelexponent und Potenzexponent durch dieselbe Zahl dividiert (oder mit derselben Zahl multipliziert).

Beweise, daß die rechte Seite mit nq potenziert a^{pq} ergiebt.

Folgerung. Unter der Voraussetzung, daß p durch n teilbar ist, erhält man

$$\sqrt[n]{a^p} = \left(\sqrt[1]{a^{\frac{p}{n}}} = \right) a^{\frac{p}{n}},$$

d. h. statt eine Potenz zu radizieren, deren Exponent durch den Wurzelexponenten teilbar ist, darf man die Grundzahl mit dem Quotienten der Exponenten potenzieren.

An diese Folgerung schließt sich, unter Aufhebung der Beschränkung, daß p durch n teilbar sein muß, die folgende Erweiterung des Potenzbegriffs für **gebrochene und irrationale Exponenten.**

Erklärung. Mit einem Bruch potenzieren bedeutet nacheinander mit dem Zähler potenzieren und mit dem Nenner radizieren.

Definitionsgleichung. $\mathbf{a}^{\frac{p}{n}} = \sqrt[n]{\mathbf{a}^p}$.

Hierdurch ist die Potenzierung so erweitert, daß sie die Radizierung als besonderen Fall einschließt.

Alle Sätze über Potenzierung gelten auch für gebrochene Exponenten.

Vorbemerkung. Für jede irrationale Zahl lassen sich als Näherungswerte rationale (ganze oder gebrochene) Zahlen angeben.

So findet man $1{,}41 < \sqrt{2} < 1{,}42$
$1{,}414 < \sqrt{2} < 1{,}415$
$1{,}4142 < \sqrt{2} < 1{,}4143$.

Ein Näherungswerth für $\sqrt{2}$ ist daher z. B. $\frac{14142}{10000}$.

Erklärung. Eine Potenz mit irrationalem Exponenten berechnen bedeutet Näherungswerte der Potenz dadurch bestimmen, daß man für die irrationale Zahl ihre Näherungswerte einsetzt.

Grenzwert einer Potenz mit irrationalem Exponenten heißt der Wert, welchem sich die Potenz nähert, wenn der Exponent sich der irrationalen Zahl nähert.

Alle Sätze über Potenzierung gelten auch für irrationale Exponenten.

Anmerkung. Wie der Potenzexponent, so darf auch der Wurzelexponent eine negative, gebrochene oder irrationale Zahl sein.

Alle Sätze über Radizierung gelten auch für negative, gebrochene oder irrationale Wurzelexponenten.

Zusatz. Das Ausziehen der Quadrat- und der Kubikwurzeln.

Man benutzt die Formeln:

$$(a+b+c+d+\ldots)^2$$
$$= a^2+2ab+b^2+2ac+2bc+c^2+2ad+2bd+2cd+d^2+\ldots$$
$$= a^2+2ab+b^2+2(a+b)c+c^2+2(a+b+c)d+d^2+\ldots$$

$$(a+b+c+d+\ldots)^3$$
$$= a^3+3a^2b+3ab^2+b^3+3a^2c+6abc+3b^2c+3ac^2+3bc^2+c^3+\ldots$$
$$= a^3+3a^2b+3ab^2+b^3+3(a+b)^2c+3(a+b)c^2+c^3+\ldots$$

Beispiel 1. $\sqrt[2]{\frac{4}{9} - \frac{4}{3}x^2 + 8x^3 + x^4 - 12x^5 + 36x^6} = \overset{a}{\frac{2}{3}} \overset{+\ b}{- x^2} \overset{+\ c + \cdots}{+ 6x^3}$

$$-\frac{4}{9}$$

$$\frac{4}{3}\Big|\quad -\frac{4}{3}x^2 + 8x^3 + x^4$$

$$\pm\frac{4}{3}x^2 \qquad \mp x^4$$

$$\frac{4}{3}\Big|\quad 8x^3 \quad -12x^5 + 36x^6$$

$$8x^3 \quad -12x^5 + 36x^6$$

Beispiel 2. $\sqrt[3]{1 - 6x + 21x^2 - 44x^3 + 63x^4 - 54x^5 + 27x^6} = \overset{a}{1} \overset{+\ b}{- 2x} \overset{+\ c + \cdots}{+ 3x^2}$

$$1$$

$$3\,|\quad -6x + 21x^2 - 44x^3$$

$$-6x \mp 12x^2 \pm 8x^3$$

$$3\,|\quad 9x^2 - 36x^3 + 63x^4 - 54x^5 + 27x^6$$

$$9x^2 - 36x^3 + 36x^4 - 54x^5 + 27x^6$$

$$+27x^4$$

Der Beweis für das Verfahren stützt sich auf die Definition der Wurzel. — Beim Ausziehen der Quadrat- und Kubikwurzeln aus Zahlen benutzt man die oben angegebenen Formeln in der zweiten Form:

Beispiel 3. $\sqrt[2]{1|75|29|76} = \overset{a+b+c+d}{1\ 3\ 2\ 4}$

$$\begin{array}{r|l} & 1 \\ 2 & 75 \\ & 69 \\ 26 & 6\,29 \\ & 5\,24 \\ 264 & 1\,05\,76 \\ & 1\,05\,76 \end{array}$$

Beispiel 4. $\sqrt[3]{12|977,|875} = \overset{a+b+c}{2\ 3,\ 5}$

$$\begin{array}{r|l} & 8 \\ \text{Divisor } 12 & 4\,977 \\ & 3\,6 \\ & \ \ 54 \\ & \ \ 27 \\ \text{Divisor } 1587 & 8\,10\,875 \\ & 7\,93\,5 \\ & \ \ 17\,25 \\ & \ \ \ \ 125 \end{array}$$

§ 15.

Logarithmierung.

Erklärung. Eine Zahl a für die Grundzahl g logarithmieren heißt einen Potenzexponenten suchen, mit welchem potenziert die Grundzahl (oder Basis) g den Potenzwert a ergiebt.

Definitionsgleichung. $g^{{}^{g}\log a} = a$.

Der ${}^{g}\log a$ (gelesen: Logarithmus a für die Basis g) ist also diejenige Zahl, welche als Exponent zu g gesetzt den „Numerus" a ergiebt.

Der ${}^{10}\log a$ (abgekürzt log a) heißt gemeiner oder Briggs'scher Logarithmus*).

Lehrsatz I. $\log(a.b) = \log a + \log b$.

Statt ein Produkt zu logarithmieren, darf man die Faktoren logarithmieren und die erhaltenen Logarithmen addieren.

Beweis. log(a.b) ist diejenige Zahl, welche als Exponent zu 10 gesetzt den Numerus ab ergiebt. Der rechts stehende Ausdruck ist gleich diesem Logarithmus, denn

$$10^{\log a + \log b} = 10^{\log a} . 10^{\log b} \quad (\S\ 13,\ IV,\ 11.)$$
$$= a.b \quad (\text{Def.}).$$

Wie lautet die Umkehrung?

Lehrsatz II. $\log \frac{a}{b} = \log a - \log b$.

Statt einen Quotienten zu logarithmieren, darf man Dividendus und Divisor einzeln logarithmieren und die erhaltenen Logarithmen von einander subtrahieren.

Beweise, daß die rechte Seite als Exponent zu 10 gesetzt den Numerus $\frac{a}{b}$ ergiebt.

Umkehrung?

Lehrsatz III. $\log(a^n) = n.\log a$.

Statt eine Potenz zu logarithmieren, darf man den Logarithmus der Grundzahl mit dem Potenzexponenten multiplizieren.

Beweise, daß die rechte Seite als Exponent zu 10 gesetzt den Numerus a^n ergiebt.

---

*) Briggs (Bürgi), Arithm. u. geom. Progreß-Tabuln, Prag 1620.

Umkehrung?

Lehrsatz IV. $\log \sqrt[n]{a} = \frac{\log a}{n}$.

Statt eine Wurzel zu logarithmieren, darf man den Logarithmus des Radicandus durch den Wurzelexponenten dividieren.

Beweis folgt aus III.

Umkehrung?

Zusatz. Dieselben Sätze gelten auch für jede andere Basis als 10.

Aufgabe. Den Logarithmus einer Zahl a für eine Basis b zu finden, wenn der Logarithmus derselben Zahl für eine andere Basis c gegeben ist:

Setzt man ${}^{b}\log a = x$, so ist $b^x = a$;

durch Logarithmieren nach der Basis c erhält man

$$x \cdot {}^{c}\log b = {}^{c}\log a$$

mithin

$$x = \frac{{}^{c}\log a}{{}^{c}\log b}.$$

Von den Briggs'schen Logarithmen.

1) Die Briggs'schen Logarithmen rationaler Zahlen sind entweder ganze oder irrationale Zahlen. Die letzteren werden näherungsweise durch fünf- (oder mehr-) stellige Dezimalbrüche dargestellt. Die Dezimalstellen derselben bilden die **Mantisse**, die zugehörigen Ganzen bilden die **Kennziffer** (Charakteristik).
2) Alle Numeri, die durch Multiplication oder Division mit dekadischen Einheiten aus einander entstehen, haben dieselbe Mantisse.
3) Bezeichnet man mit „Stellenexponent" einer Ziffer den Exponenten der zugehörigen Potenz von 10, so gilt folgende Regel:

   Die Kennziffer des Logarithmus ist gleich dem Stellenexponenten der höchsten gültigen Ziffer des Numerus.

   z. B. $\log 12{,}8 = 1{,}10721$,

   $\log 0{,}00128 = 0{,}10721 - 3$.
4) Logarithmen von negativen Zahlen sind unmöglich.

---

§ 16.

Gleichungen ersten und zweiten Grades.

Jede Verbindung zweier Ausdrücke durch das Gleichheitszeichen heißt eine Gleichung. So läßt sich jeder arithmetische Lehrsatz in Form einer Gleichung aussprechen, deren Eigentümlichkeit darin liegt, daß für alle Werte der in ihr enthaltenen Buchstabengrößen der Wert ihrer linken Seite gleich dem der rechten Seite ist.

Dagegen ist dies z. B. in der Gleichung

$$\frac{57 - 5a}{7} = a + 3$$

nur dann der Fall, wenn man für a den Wert 3 einsetzt. Eine derartige Gleichung enthält also zugleich eine Aufgabe, nämlich: den Wert von a zu finden oder zu bestimmen, welcher der Gleichung genügt (daher Bestimmungsgleichung). Man nennt daher a die unbekannte Größe oder kürzer die Unbekannte der Gleichung. Ueblich ist es, dieselbe mit x zu bezeichnen, also zu schreiben

$$\frac{57 - 5x}{7} = x + 3.$$

Die Bezeichnung der Unbekannten durch x (oder durch y, z) ist besonders bei Gleichungen zweckmäßig, welche außerdem noch andere Buchstabengrößen enthalten, z. B.

$$\frac{ax}{b} = x + 1.$$

Hier bezeichnen a und b bestimmte oder gegebene Größen, x die gesuchte Größe oder die Unbekannte, d. h. diejenige Größe, die durch die gegebene Größe ausgedrückt werden soll.

Eine Gleichung heißt ersten Grades, wenn die Unbekannte nur in der ersten Potenz vorhanden ist; zweiten Grades, wenn die Unbekannte in keiner höheren als der zweiten Potenz vorhanden ist.

Die Lösung der Gleichungen beruht auf der Anwendung der arithmetischen Lehrsätze zur Umformung und Vereinfachung der Seiten sowie insbesondere auf der Anwendung der Grundsätze 7, 8, 9, 10 des § 5 (denen noch hinzuzufügen sind: Gleiches mit Gleichem potenziert giebt gleiche Potenzen, Gleiches mit Gleichem radiziert giebt gleiche Wurzeln).

Hierdurch kann jede Gleichung ersten Grades in die Form gebracht werden

$$ax = b,$$

wenn a und b beliebige positive oder negative, ganze oder gebrochene (rationale oder irrationale) Zahlen bedeuten. Die Lösung ist dann nach § 5, 10

$$x = \frac{b}{a}.$$

Beispiel 1. $\frac{17-x}{2} + x = \frac{33-x}{3}.$

Durch Multiplikation der Gleichung mit 6 (§ 5, 9) erhält man

$$51 - 3x + 6x = 66 - 2x$$

$$51 + 3x = 66 - 2x, \quad \text{oder nach § 5, 7 und 8}$$

$$5x = 15, \quad \text{oder nach § 5, 10}$$

$$\underline{x = 3.}$$

Beispiel 2. $\frac{ax}{b} = x + 1.$

$$ax = bx + b \quad (§ 5, 9)$$

$$ax - bx = b \quad (§ 5, 8)$$

$$x(a - b) = b$$

$$\underline{x = \frac{b}{a-b}} \quad (§ 5, 10).$$

Die reine quadratische Gleichung läßt sich auf die Form bringen

$$ax^2 = b.$$

Daraus ergiebt sich (nach § 5, 10)

$$x^2 = \frac{b}{a},$$

somit 2 Lösungen

$$\underline{x_1 = + \frac{b}{a}}, \quad \underline{x_2 = - \frac{b}{a}}.$$

Beispiel 3. $\frac{x-3}{x^2-4} + 1 = \frac{1}{x-2}.$

$$x - 3 + x^2 - 4 = x + 2 \quad (§ 5, 9)$$

$$x^2 + x - 7 = x + 2$$

$$x^2 = 9$$

$$\underline{x_1 = +3}, \quad \underline{x_2 = -3}.$$

Die vollständige quadratische Gleichung hat nach allen Vereinfachungen die Form

$$x^2 + ax + b = 0$$ (Normalform der quadrat. Gleichung).

Um zur Lösung zu gelangen hat man $x^2 + ax$ zu einem vollständigen Quadrat zu ergänzen (sog. quadratische Ergänzung):

$$x^2 + ax + \left(\frac{a}{2}\right)^2 = \frac{a^2}{4} - b \quad (\S\ 5,\ 7)$$

$$\left(x + \frac{a}{2}\right)^2 = \frac{a^2}{4} - b \quad (\S\ 10,\ 1)$$

$$x + \frac{a}{2} = \pm\sqrt{\frac{a^2}{4} - b}$$ (Gleiches durch Gleiches radiziert giebt gleiche Wurzeln.)

$$x = -\frac{a}{2} \pm \sqrt{\frac{a^2}{4} - b},$$ d. h.

$$\underline{x_1 = -\frac{a}{2} + \sqrt{\frac{a^2}{4} - b},} \quad \underline{x_2 = -\frac{a}{2} - \sqrt{\frac{a^2}{4} - b}.}$$

Beispiel 4. $\frac{4x}{2+x} - 3 = \frac{10}{3x}$.

Durch Multiplikation der Gleichung mit dem Hauptnenner $3x(2+x)$ erhält man

$$12x^2 - 9x(2+x) = 10(2+x)$$
$$12x^2 - 18x - 9x^2 = 20 + 10x$$
$$3x^2 - 28x = 20$$

Normalform $x^2 + ax + b = 0$. $\qquad x^2 - \frac{28}{3}x - \frac{20}{3} = 0,$

Lösung $x = -\frac{a}{2} \pm \sqrt{\frac{a^2}{4} - b}$. $\qquad x = \frac{14}{3} \pm \sqrt{\frac{196}{9} + \frac{20}{3}},$

$$x = \frac{14}{3} \pm \sqrt{\frac{256}{9}} = \frac{14}{3} \pm \frac{16}{3}$$

$$\underline{x_1 = 10,} \quad \underline{x_2 = -\frac{2}{3}}.$$

Beispiel 5. $x^2 - cx + ab - ac - bx = 2c^2 - 2bc + ax$

$$x^2 - ax - bx - cx = ac - ab - 2bc + 2c^2$$

Normalform $x^2 + ax + b = 0$. $\qquad x^2 - (a+b+c)x = ac - ab - 2bc + 2c^2,$

Lösung $x = -\frac{a}{2} \pm \sqrt{\frac{a^2}{4} - b}$.

$$x = \frac{a+b+c}{2} \pm \sqrt{ac - ab - 2bc + 2c^2 + \frac{(a+b+c)^2}{4}}.$$

Führt man im Radikandus die Quadrierung aus (nach § 10, 6) und bringt ihn auf den Nenner 4, so nimmt er die Form an

$$\frac{a^2 - 2ab + b^2 + 6ac - 6bc + 9c^2}{4}.$$

Da dies aber das vollständige Quadrat von $\frac{a - b + 3c}{2}$ ist, so hat man:

$$x = \frac{a + b + c}{2} \pm \frac{a - b + 3c}{2}, \quad \text{mithin}$$

$$\underline{x_1 = a + 2c}, \quad \underline{x_2 = b - c}.$$

Eine Gleichung mit zwei Unbekannten, z. B.

$$2x - 3y = 5$$

hat unendlich viele Lösungen. Denn setzt man beispielsweise für x die Werte $\frac{1}{2}$, 1, 2, 3, 4, ... in die Gleichung ein, so ergeben sich als zugehörige Werte von y -2, -1, $-\frac{1}{3}$, $\frac{1}{3}$, 1, ... Ist aber noch gleichzeitig die Gleichung gegeben

$$5x + 7y = 7\tfrac{2}{3},$$

so genügt von den obigen 5 Wertepaaren nur das dritte $x = 2$, $y = -\frac{1}{3}$ den beiden Gleichungen $\begin{cases} 2x - 3y = 5 \\ 5x + 7y = 7\frac{2}{3} \end{cases}$ und außer diesem überhaupt kein zweites Wertepaar.

Die **Lösung von 2 Gleichungen mit 2 Unbekannten** besteht darin, daß man durch ein geeignetes Rechnungsverfahren eine dritte Gleichung bildet, die nur noch die eine der beiden Unbekannten enthält, (daß man also die andere Unbekannte fortschafft oder **eliminiert**).

a. Methode des Einsetzens (Substitution).

Man löst die eine Gleichung für die eine Unbekannte auf und setzt den für sie gefundenen Wert in die andere Gleichung an Stelle dieser Unbekannten (nach § 5, 5).

Man erhält in dem vorher angegebenen Beispiel:

$$2x = 5 + 3y, \quad x = \frac{5+3y}{2}$$

$$\frac{25+15y}{2} + 7y = 7\tfrac{2}{3} \quad \text{(jetzt ist x eliminiert!)}$$

$$75 + 45y + 42y = 46$$

$$87y = -29$$

$$\underline{y = -\tfrac{1}{3}}$$

und dann durch Einsetzen dieses Wertes für y in die Gleichung $x = \frac{5+3y}{2}$

$$\underline{x = 2.}$$

b. Methode der Addition.

Man giebt zunächst durch Multiplication der einen Unbekannten in beiden Gleichungen gleiche Faktoren mit entgegengesetzten Vorzeichen, so daß dann durch Addition der neuen Gleichungen diese Unbekannte eliminiert wird.

Multipliziert man z. B. die erste der beiden vorigen Gleichungen mit -5 und die zweite mit 2, so erhält man

$$-10x + 15y = -25$$

$$\underline{10x + 14y = 15\tfrac{1}{3}}$$

$$29y = -\tfrac{29}{3}, \quad \underline{y = -\tfrac{1}{3}}, \quad \text{wie vorhin.}$$

Wie in diesem Beispiel, so ist häufig die Additionsmethode die am schnellsten zum Ziel führende.

Zwei quadratische Gleichungen mit 2 Unbekannten lassen sich teils durch eine dieser beiden Methoden, teils noch einfacher durch andere Kunstgriffe lösen.

Bei Gleichungen mit mehr als 2 Unbekannten sind ebensoviele unabhängige und sich nicht widersprechende Gleichungen erforderlich, wie Unbekannte vorhanden sind.

Man leitet aus n Gleichungen mit n Unbekannten durch Elimination einer Unbekannten zuerst $n-1$ Gleichungen mit $n-1$ Unbekannten ab und setzt dieses Verfahren fort, bis man zu einer Gleichung mit einer Unbekannten gelangt.

Anhang.

Tabelle I.

Primzahlen unter 1000:

2	43	103	173	241	317	401	479	571	647	739	827	919
3	47	107	179	251	331	409	487	577	653	743	829	929
5	53	109	181	257	337	419	491	587	659	751	839	937
7	59	113	191	263	347	421	499	593	661	757	853	941
11	61	127	193	269	349	431	503	599	673	761	857	947
13	67	131	197	271	353	433	509	601	677	769	859	953
17	71	137	199	277	359	439	521	607	683	773	863	967
19	73	139	211	281	367	443	523	613	691	787	877	971
23	79	149	223	283	373	449	541	617	701	797	881	977
29	83	151	227	293	379	457	547	619	709	809	883	983
31	89	157	229	307	383	461	557	631	719	811	887	991
37	97	163	233	311	389	463	563	641	727	821	907	997
41	101	167	239	313	397	467	569	643	733	823	911	....

Tabelle II.

Kleinste Teiler der zusammengesetzten ungeraden Zahlen unter 1000:

49 (7)	287 (7)	437 (19)	583 (11)	737 (11)	889 (7)
77 (7)	289 (17)	451 (11)	589 (19)	749 (7)	893 (19)
91 (7)	299 (13)	469 (7)	611 (13)	763 (7)	899 (29)
119 (7)	301 (7)	473 (11)	623 (7)	767 (13)	901 (17)
121 (11)	319 (11)	481 (13)	629 (17)	779 (19)	913 (11)
133 (7)	323 (17)	493 (17)	637 (7)	781 (11)	917 (7)
143 (11)	329 (7)	497 (7)	649 (11)	791 (7)	923 (13)
161 (7)	341 (11)	511 (7)	667 (23)	793 (13)	931 (7)
169 (13)	343 (7)	517 (11)	671 (11)	799 (17)	943 (23)
187 (11)	361 (19)	527 (17)	679 (7)	803 (11)	949 (13)
203 (7)	371 (7)	529 (23)	689 (13)	817 (19)	959 (7)
209 (11)	377 (13)	533 (13)	697 (17)	833 (7)	961 (31)
217 (7)	391 (17)	539 (7)	703 (19)	841 (29)	973 (7)
221 (13)	403 (13)	551 (19)	707 (7)	847 (7)	979 (11)
247 (13)	407 (11)	553 (7)	713 (23)	851 (23)	989 (23)
253 (11)	413 (7)	559 (13)	721 (7)	869 (11)	....
259 (7)	427 (7)	581 (7)	731 (17)	871 (13)	....

Jede ungerade und nicht durch 5 teilbare Zahl unter 1000, die weder in Tabelle I. noch in Tabelle II. aufgeführt ist, hat als kleinsten Teiler 3.

Tabelle III.

Anzahl p der Ziffern in der Periode der Brüche $\frac{m}{n}$ für alle diejenigen Nenner n unter 1000, deren Periode nicht mehr als 8 Ziffern enthält:

n	p	n	p	n	p	n	p	n	p	n	p
3	1	33	2	91	6	143	6	303	4	657	8
7	6	37	3	99	2	189	6	333	3	717	7
9	1	39	6	101	4	219	8	351	6	803	8
11	2	41	5	111	3	239	7	369	5	813	5
13	6	63	6	117	6	259	6	407	6	909	4
21	6	73	8	123	5	271	5	411	8	999	3
27	3	77	6	137	8	297	6	481	6	....	

Tabelle IV.

Quadrat-Zahlen und -Wurzeln, Kubik-Zahlen und -Wurzeln und Briggs'sche Logarithmen der Zahlen n von 1 bis 20:

n	n^2	$\sqrt{n}$	n^3	$\sqrt[3]{n}$	log n
1	1	1	1	1	0
2	4	1,4142	8	1,2599	0,3010
3	9	1,7321	27	1,4422	0,4771
4	16	2	64	1,5874	0,6021
5	25	2,2361	125	1,7100	0,6990
6	36	2,4495	216	1,8171	0,7782
7	49	2,6458	343	1,9129	0,8451
8	64	2,8284	512	2	0,9031
9	81	3	729	2,0801	0,9542
10	100	3,1623	1000	2,1544	1
11	121	3,3166	1331	2,2240	1,0414
12	144	3,4641	1728	2,2894	1,0792
13	169	3,6056	2197	2,3513	1,1139
14	196	3,7417	2744	2,4101	1,1461
15	225	3,8730	3375	2,4662	1,1761
16	256	4	4096	2,5198	1,2041
17	289	4,1231	4913	2,5713	1,2304
18	324	4,2426	5832	2,6207	1,2553
19	361	4,3589	6859	2,6684	1,2788
20	400	4,4721	8000	2,7144	1,3010

FSC
www.fsc.org
MIX
Papier | Fördert
gute Waldnutzung
FSC® C083411

Kolibri 360 GmbH
Ferdinand-Jühlke-Straße 7
99095 Erfurt, Deutschland
produktsicherheit@kolibri360.de